érique

T T 64
I 6   1 7 7

NOTICE SCIENTIFIQUE

SUR LE

MAGNÉTISME,

PAR

M. L.-B. DE GARRIGUE.

PARIS.

EVRARD, ÉDITEUR, PASSAGE DES PANORAMAS.

—

1846.

NOTICE SCIENTIFIQUE

SUR LE

MAGNÉTISME.

Le magnétisme existe. Il existe, malgré tous les sophismes de ses antagonistes et malgré toutes les utopies rêvées par ses partisans, qui, pour la plupart, imitant l'ours de *l'Amateur des Jardins* du bon La Fontaine, lui ont fait plus de mal que ses ennemis les plus acharnés.

Le magnétisme a toujours existé. Avant Mesmer et dans l'ombre des temps, nous le trouvons, sous d'autres noms, à la vérité; car la magie blanche et la magie noire, à laquelle nous ne voulons pas croire, ne devait être sans doute que le magnétisme appliqué au bien, sous le nom de magie blanche, et au mal sous celui de magie noire.

Le magnétisme est comme toutes les branches de la science, il n'a pu être inventé; on a pu découvrir quelques unes des lois qui le régissent, et c'est alors qu'on a appris seulement à le connaître, mais il a toujours existé, de même que l'électricité existait avant Francklin et que la terre tournait autour du soleil avant Galilée.

Tous les secrets de la nature appartiennent à Dieu; aux hommes il appartient de les rechercher, de les étudier et de les classer.

Tous les phénomènes de la nature ont été cachés pendant longtemps aux intelligences humaines; avant Francklin, l'électricité était un mystère, et sans lui peut-être nous ne la connaîtrions pas encore. Avant Mesmer, le mot *magnétisme* était encore inconnu, et cependant les hommes avaient vu des effets du magnétisme; ils les avaient appelés magie blanche, magie noire, sorcellerie, et peut-être même, dans leur triste ignorance, que de savants n'ont-ils pas ainsi livrés au bûcher.

1840

Si nous supposons pour un instant que nous n'avons jamais vu d'autre lumière que celle du soleil, que nous soyons renfermés dans une chambre très noire, et qu'un homme vienne nous dire : « Dans cette chambre si noire, il y a un fluide lumineux presque aussi beau que la lumière du soleil ; » nous rirons d'incrédulité. Mais cet homme qui connaît les lois des fluides lumineux, va aussitôt rassembler sur un même point, et avec des circonstances nécessaires et indispensables aux fluides lumineux, tous les rayons de ce fluide, et soit avec un briquet ou une allumette phosphorique ou autres objets qui remplissent toutes les conditions exigées pour la réunion des faisceaux du fluide lumineux, et auxquels il va joindre de la poudre solaire, cette chambre, dis-je, va éblouir les yeux de l'incrédule qui n'aura plus qu'à rougir de son ignorance et qu'à admirer les hautes intelligences scientifiques.

Pour tous les fluides incoërcibles et impondérables, il faut toujours certaines circonstances de la réunion desquelles dépend leur existence ; avec ces circonstances, nous les voyons tomber sous nos sens, et une seule des conditions nécessaires à leur existence venant à manquer, nous ne pouvons les retrouver, et ils échappent aux recherches de notre intelligence. Le fluide électrique se réunit facilement sur un même point avec des pointes de fer, avec une machine électrique, une bouteille de Leyde, etc. Sans ces conditions, nous ne pourrions le retrouver, et nos recherches seraient infructueuses.

En jugeant par induction, ne devons-nous pas croire aussi que le magnétisme a ses lois et certains caractères aussi nécessaires et indispensables pour le réunir sur un même point et pour prouver ainsi son existence et ses effets.

En physique, c'est par les effets que l'on remonte aux causes. Étudions donc les effets du magnétisme, et nous parviendrons peut-être aussi à classer un jour les lois qui le régissent.

Le magnétisme n'est pas encore aussi connu que les autres branches des sciences physiques. C'est le charlatanisme qui le tient ainsi à l'écart. On ne peut étudier les fluides lumineux, calorique, électrique, le magnétisme terrestre (*), qu'avec de grandes notions scientifiques

(*) Ne pas confondre le magnétisme terrestre avec le magnétisme animal.

et de grandes études préparatoires en mathématiques. Peu d'hommes ont donc pu étudier ces sciences ; mais ces hommes étaient déjà des savants, et les savants sont presque toujours consciencieux. Le magnétisme, au contraire, est dans les mains de toutes les intelligences ; l'homme le plus ignorant, en voyant faire quelques passes de mains, devient magnétiseur. L'homme avide d'argent applique aussitôt son magnétisme aux infirmités humaines, à la médecine... Que d'ignorants, que de spéculateurs ignobles qui veulent parler science sans la connaître et magnétisme sans le comprendre ! Oh ! j'ai bien vu des magnétiseurs, j'ai causé avec beaucoup, et je me suis convaincu que, pour la plupart, il ne sont que de simples agents du magnétisme qu'ils ne comprennent pas, et qu'ils ne sont pour lui que ce que sont, pour l'électricité, la machine électrique et la bouteille de Leyde.

Il est temps enfin que le magnétisme prenne sa place parmi les sciences et qu'un chapitre qui le concerne soit ajouté, soit à la philosophie rationnelle ou à la philosophie naturelle. C'est en vain qu'on pourrait objecter que le magnétisme a déjà été repoussé plusieurs fois par l'Académie de médecine ; c'est une grave erreur. Le magnétisme ne peut avoir été repoussé par la réunion des savants qui siégent à l'Académie de médecine, et c'est par une bonne raison, c'est qu'il ne s'y est jamais présenté ; on n'y a vu que l'intrigue, que le charlatanisme et l'avidité pécuniaire qui ont voulu, abusant de son nom, spéculer sur la fortune générale comme sur les fortunes particulières, charlatans qui demandent de l'or, et pour qui tous les moyens sont bons pour arriver à leurs fins...

Ce n'est pas ainsi que le magnétisme peut se présenter devant une réunion de savants. Ce n'est pas une opinion individuelle qui peut aujourd'hui classer ses lois. Il y a eu trop d'abus pour que l'on puisse maintenant croire à lui sur les garanties d'un seul homme. Il faut une réunion de plusieurs qui étudient ensemble cette matière, qui en classent les effets et en déduisent les lois. Il y a trop à étudier pour un seul ; car qui peut dire ce que c'est que le magnétisme ?.. qui peut en classer les effets et en déduire les lois?...

Qu'est-ce que le magnétisme ? Est-il un fluide incoërcible et impondérable comme tous les fluides physiques déjà connus et classés par la science?... Est-il un de ces fluides inconnus qui doivent être aussi incoërcibles et impondérables, mais dont les lois ont jusqu'à ce jour échappés à l'intelligence humaine; comme celui qui nous porte la sympathie ou l'antipathie d'un regard? ou bien le magnétisme agit-il par émanation de miasmes ou de molécules, comme les odeurs et les maladies épidémiques et contagieuses.

Qu'est-ce donc que le magnétisme? Est-il un fluide particulier répandu dans toute la nature? Est-il seulement adhérent au corps des hommes et des animaux? Est-il, comme l'ont prétendu quelques magnétiseurs, un fluide émanant de l'électricité, ou bien met-il en jeu, à l'instar de la pile de Volta, le fluide électrique répandu dans le corps animal? Appartient-il, en un mot, aux propriétés physiques du corps humain, ou bien aux propriétés intellectuelles de l'âme. Doit-il être classé dans la philosophie rationnelle ou dans la philosophie naturelle?... Car dans le corps humain où finissent toutes les propriétés de la matière et ou commencent les ressorts de l'intelligence; où est la limite? Qui l'a définie et qui a dit à la matière, halte; tu n'iras pas plus loin; et à l'intelligence, arrêtez; là finit votre domaine?...

Les médecins les plus éclairés savent bien qu'elle est l'influence réciproque, dans le corps humain, du moral et du physique... Que de maladies physiques guéries par l'imagination... Que de gens bien portants au physique ont été conduits au tombeau par une imagination malade?... Il existe donc une grande intelligence et une grande harmonie entre nos sensations physiques et morales; ceci est incontestablement reconnu. Mais le magnétisme agit-il sur les parties matérielles de l'homme ou sur son imagination, c'est-à-dire sur son intelligence? ou bien agit-il sur les deux à la fois... Serait-il la limite ou le lien qui se trouve entre ces facultés?...

Peut-on croire que l'opinion d'un seul homme puisse résoudre tous ces problèmes? Non, évidemment non... ce n'est que le concours d'hommes éclairés et savants qui peut jeter la lumière sur une branche si ténébreuse de nos sciences.

Examinons maintenant quels sont les effets produits par le magnétisme et nous allons encore nous trouver arrêtés par tous les ignorants et charlatans qui ont voulu exploiter à leur profit certaines expériences magnétiques.

Parmi les effets produits par le magnétisme, nous citerons d'abord ceux qui sont déjà adoptés par tous les hommes qui se sont occupés de magnétisme ou qui ont assisté à ses expériences ; examinons de suite le sommeil magnétique qui n'a rien de commun avec le sommeil ordinaire, puisqu'on endort un sujet qui n'a nullement envie de dormir dans l'espace d'un quart d'heure, et souvent dans moins de cinq minutes quand les expériences ont été renouvelées sur le même homme.

Ce sommeil vient-il d'un engourdissement des sens ? Les expériences seraient généralement pour l'affirmative, car la plupart des magnétisés pensent que les bras s'engourdissent d'abord, puis le cœur et enfin la tête. Ils voient souvent en s'endormant des lueurs blanchâtres, quelquefois même des rayons de feu qui paraissent s'émaner des mains des magnétiseurs. Dans ce sommeil magnétique la personne endormie cause avec son magnétiseur, circonstance tout-à-fait en dehors du sommeil ordinaire. Toutes les substances qui agitent le sang et les nerfs, tels que thé, café, etc., ne sont point contraires au sommeil magnétique, ce qui prouverait encore qu'il n'a aucun rapport avec le sommeil ordinaire ; ce sommeil se rapprocherait plutôt du somnambulisme dont nous parlerons dans un instant, et, chose bien remarquable et bien différente du sommeil ordinaire, le sommeil magnétique produit presque toujours une parfaite insensibilité. Cette insensibilité, dans cet état magnétique, est aujourd'hui constatée et reconnue par tous, et déjà plusieurs chirurgiens ont compté, avec juste raison, sur cette insensibilité pour les opérations dont les souffrances pouvaient tuer le malade et qui, grâce à ce secours, ont fait avec succès les opérations les plus dangereuses.

Les magnétiseurs reconnaissent bien d'autres effets du magnétisme, mais ils ne sont pas certains et reconnus par tous comme le sommeil magnétique et son insensibilité. Ils parlent de la communication de la pensée, de la vue à distance, du déplacement de tous les sens à la volonté du magnétiseur... Les plus sensés magnétiseurs de bonne foi s'arrêtent à ces propriétés du magnétisme. D'autres croient que leurs sujets les plus lucides peuvent prédire l'avenir... voir à travers les corps opaques... faire de la médecine et de la pharmacie... Et tout cela, sans jamais se tromper ; parce que, disent-ils, ils voient dans le corps du malade, et le magnétisé indique aussitôt les simples,

plantes ou autres remèdes nécessaires à la guérison de la maladie... Rêves et utopies, sans doute, comme les rêves et les châteaux de fée de nos sommeils ordinaires..... Mais le déplacement des sens ! mais la vue à distance et la communication de la pensée méritent bien qu'on s'occupe de ces effets de magnétisme. Il faut enfin que la science sache ce qu'elle doit admettre et ce qu'elle doit rejeter. Déjà plusieurs médecins se servent du magnétisme, dans des cas rares, à la vérité, mais ils s'en servent et le reconnaissent ; j'ai vu un médecin, par ce moyen, faire remuer un bras paralysé. Le médecin et moi avons-nous été joués par le magnétisé?... Cela serait peut-être possible... mais enfin le contraire est aussi possible, et c'est ce qu'il faut approfondir.

Je ne suis ni partisan ni détracteur du magnétisme et de ses effets, mais je dis que tous les gens sensés qui voudront se donner la peine de voir magnétiser, diront comme moi, que le sommeil magnétique existe avec son insensibilité. Pour tous les autres effets, comme moi, ils verront et resteront dans le doute jusqu'à plus amples renseignements.

Je crois au magnétisme ; plusieurs médecins y croyent déjà, et je pourrai même citer un ecclésiastique éclairé de notre capitale, qui est aussi un fidèle croyant du magnétisme. Je crois au sommeil magnétique et à son insensibilité ; je crois que le somnambulisme qui se manifeste naturellement chez quelques êtres organisés exprès pour son développement, n'est autre chose que le magnétisme répandu ou dans la nature, ou dans les corps des êtres animés. Chez les somnambules, le magnétisme y est à l'état naturel, tandis que chez les autres hommes, l'art et les passes des mains, etc., produisent chez eux le même effet qui se produit naturellement chez les somnambules ; aussi, les somnambules sont, généralement, les meilleurs sujets à magnétiser, ainsi que les êtres faibles, à organisations fragiles, lymphatiques, etc. Je crois aussi que nos rêves, dans le sommeil ordinaire, ont une grande analogie avec ce que les magnétiseurs appellent vue à distance, déplacement des sens, prédiction de l'avenir, etc. A la vérité, les magnétisés nous communiquent les sensations de leurs rêves, ce qui n'arrive pas toujours dans le sommeil ordinaire, où l'homme rêve souvent sans parler, mais cela arrive aussi parfois dans l'état normal, et surtout lorsque l'être qui rêve a quelques dispositions à l'état de somnambule naturel.

Si mes rapprochements étaient vrais et qu'il y eût grande analogie entre les rêves naturels de l'homme et la vue à distance, le déplacement des sens et la communication de la pensée des magnétisés, alors s'écroulerait ce grand échafaudage élevé contre la médecine par la plupart des magnétiseurs ignorants...; car leur vue à distance, leur communication de la pensée et leur déplacement des sens, ne seraient absolument, tous réunis, que le grand ensemble qui compose nos rêves ordinaires, puisque lorsque nous sommes dans cet état bien naturel tous les mêmes phénomènes se reproduisent le plus naturellement possible ; dans ces rêves ordinaires il y a déplacement des sens, puisque nous voyons par l'imagination et les yeux fermés, bien fermés... Pour la vue à distance ?... Quel est celui qui n'a pas rêvé être ailleurs que dans son lit, et qui a bien vu (toujours en rêve) le lieu où il était transporté dans le songe. Quel est celui qui n'a pas rêvé de l'avenir, et qui, par conséquent, a bien pu se croire se prédisant lui-même l'avenir... Quand à la communication de la pensée, si elle existe dans le magnétisme, il y a aussi, je le répète, des gens qui, en rêvant, causent assez volontiers avec celui qui veut bien les écouter quand ils parlent, et se mettre ainsi avec eux en communication de paroles et de pensées. Si tout cela est bien vrai, si le magnétisme produit sur le magnétisé l'effet du somnambulisme, et si par son influence magnétique et les passes de ses mains, le magnétiseur ne peut appeler que les rêves ou les songes chez un sujet magnétisé, adieu donc la prédiction de l'avenir ; adieu donc la vue à distance.... Les rêves sont si trompeurs et leurs prédictions sont si fausses !

Maintenant si le magnétisme a tous ses rapports avec les songes et le somnambulisme, qu'est-ce que le magnétisme ? Est-il inhérent à la matière ou appartient-il à l'intelligence ?

Les songes ne peuvent évidemment appartenir à la matière... Ils tiennent à l'imagination, et l'imagination n'est-elle pas à l'intelligence ? Le somnambulisme naturel serait aussi à l'intelligence, et par suite, le magnétisme au lieu d'être un fluide, ne serait aussi qu'à l'intelligence... et il faudrait le classer dans la philosophie rationnelle.

Mais le magnétisme engourdit les sens, endort toutes nos facultés physiques, paralyse nos membres et nous donne une complète insensibilité. Sa puissance agit donc sur la matière, et il pourrait bien aussi être un fluide matériel, comme tous les fluides physiques qui agissent sur nos sens. Faudrait-il le classer dans la philosophie rationnelle ou dans la philosophie naturelle ? Est-il, comme je l'ai déjà dit, la limite entre l'âme et le corps ? Quelle source d'études ? sur ce sujet combien il y a à apprendre ?

Concluons : le magnétisme existe ; il ne peut être l'ennemi des sciences médicales, mais, au contraire, il doit leur être un utile secours. Quelques uns de ses effets sont déjà reconnus et seront bientôt classés ; d'autres effets doivent encore être la source de sérieuses recherches. Le siècle des lumières s'ouvrira aussi pour le magnétisme, et alors, quelle ressource pour la science, et sans doute aussi pour l'humanité, car, peut-être, hélas ! plusieurs corps se sont souvent éteints faute d'avoir su mettre en jeu en temps convenable toutes les propriétés magnétiques de leur existence. Où n'a-t-on pas cru arriver aux premières expériences qui ont été faites par la première pile de Volta ?... Et qui peut prédire dans l'avenir jusqu'où la science peut aller ?

C'est à la France, qui tient le premier rang parmi les nations savantes, qu'il appartient de rechercher et d'approfondir tous ces mystères... Il y a des savants en grand nombre dans d'autres états, rivaux d'intelligence, et gardons-nous qu'ils nous devancent. C'est à M. le Ministre de l'instruction publique qu'il est réservé de chasser les ténèbres qui enveloppent encore le fond de la science magnétique. Il ne faut pas se dissimuler que l'intelligence d'un seul homme est aujourd'hui impuissante pour de semblables recherches. Une Commission de savants choisis dans les Académies de science et de médecine, qui s'adjoindrait quelques magnétiseurs éclairés, peut seule obtenir des résultats avantageux... Quelques expériences faites dans les hôpitaux, sous les yeux des membres de cette Commission, quelques rapports rédigés et signés par eux, et nous aurions bientôt dans les sciences un chapitre sur le magnétisme animal ; et à l'avenir le grand mot de magnétisme ne ferait plus rougir d'ignorance ou d'incrédulité les jeunes gens qui entrent dans le monde après avoir terminé leurs études scientifiques.

Imp. Hénard et comp. pass. du Hoire 23

www.ingramcontent.com/pod-product-compliance
Lightning Source LLC
Chambersburg PA
CBHW050410210326
41520CB00020B/6540